Prabhpreet Kaur Bhatia
Anurag Sharma

Reconhecer as crises epilépticas

Prabhpreet Kaur Bhatia
Anurag Sharma

Reconhecer as crises epilépticas

ScienciaScripts

Imprint

Cover image: www.ingimage.com

This book is a translation from the original published under ISBN 978-3-330-33263-8.

Publisher:
Sciencia Scripts
is a trademark of
Dodo Books Indian Ocean Ltd. and OmniScriptum S.R.L publishing group

120 High Road, East Finchley, London, N2 9ED, United Kingdom
Str. Armeneasca 28/1, office 1, Chisinau MD-2012, Republic of Moldova, Europe
Managing Directors: Ieva Konstantinova, Victoria Ursu
info@omniscriptum.com

Printed at: see last page
ISBN: 978-620-8-40992-0

NOTA

Gostaria de agradecer particularmente ao meu orientador de tese, ANURAG SHARMA, Professor Assistente e Diretor (ECE), CTITR, que me ajudou muito em todas as fases e me deu o seu valioso apoio no desenvolvimento do meu trabalho de tese. Sem as suas sugestões e ajuda atempada, não teríamos conseguido concluir o nosso trabalho.

Estou igualmente grato ao Departamento de Metrologia e Controlo do NIT, Jalandhar, por me ter dado a oportunidade de trabalhar no seu instituto. Sem a sua ajuda, este trabalho não teria sido concluído.

Por último, os meus mais sinceros agradecimentos à minha família pelo seu amor incansável e apoio incondicional ao longo da minha vida e dos meus estudos.

PRABHPREET KAUR BHATIA

LISTA DE ABREVIATURAS

EEG	Electro-encephalo-graph
EMU	Epilepsy Monitoring Unit
FFNN	Feed Forward Neural Network
SVM	Support Vector Machine
CCA	Canonical Correlation Analysis
CWT	Complex Wavelet Transform
DWT	Discrete Wavelet Transform
FFT	Fast Fourier Transform
HMI	Human Machine Interface
ANN	Artificial Neural Network
OSS	One Step Secant Algorithm
dB	Daubechies
ADC	Analog to Digital Convertor

Capítulo 1	4
Capítulo 2	26
Capítulo 3	31
Capítulo 4	35
Capítulo 5	50
Referências	52

CAPÍTULO 1
INTRODUÇÃO

1.1. Introdução

Uma crise epilética é o aparecimento temporário de sinais e/ou sintomas devido a uma atividade neuronal anormal excessiva ou síncrona no cérebro. A epilepsia é uma doença caracterizada por uma predisposição permanente para produzir crises epilépticas e pelas consequências neurobiológicas, cognitivas, psicológicas e sociais desta doença [2]. A seguir ao acidente vascular cerebral (AVC), a epilepsia é a segunda doença neurológica mais comum, afectando cerca de 2-4% da população mundial [1], [2], [3]. Caracteriza-se por crises recorrentes, involuntárias e paroxísticas. A epilepsia resulta de uma perturbação súbita da função cerebral, caracterizada pelo disparo assíncrono de neurónios cerebrais.

O quadro clínico da epilepsia é tão antigo quanto a própria humanidade [3]. Existem muitas técnicas para detetar estas ignições ou actividades convulsivas no cérebro. O EEG é a técnica mais utilizada para detetar estas actividades eléctricas. Existem algumas técnicas para a deteção contínua destas crises, como a UEM, o eletrocardiograma, o acelerómetro e os sistemas electrodérmicos, mas são muito dispendiosas e, por isso, pouco populares.

Embora os medicamentos antiepilépticos tenham ajudado muitos doentes, cerca de um terço deles também não responde a esses medicamentos [4]. É por isso que os investigadores e os médicos uniram esforços para encontrar uma solução que possa ajudar os médicos e os doentes a detetar e prever as crises antes de estas ocorrerem. Este objetivo pode ser alcançado com base nas regiões do cérebro envolvidas nas crises.

A epilepsia é uma doença neurológica crónica comum. A epilepsia caracteriza-se por crises recorrentes e não provocadas [1]. Muitas pessoas com epilepsia têm mais do que um tipo de crise e podem também ter outros sintomas de problemas neurológicos. A Figura 1 mostra a prevalência de doentes com epilepsia na Índia. A Figura 1.1 mostra a prevalência de doentes com epilepsia na Índia.

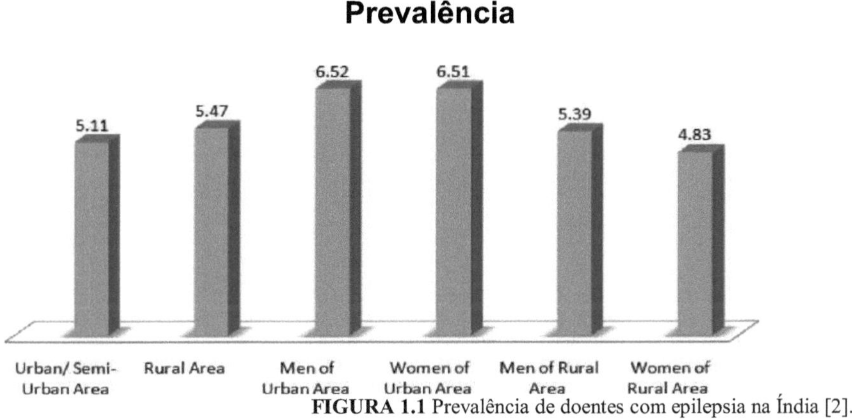

FIGURA 1.1 Prevalência de doentes com epilepsia na Índia [2].

1.2. Causas da epilepsia

Diferentes grupos etários têm diferentes causas para o aparecimento da epilepsia. Estas são as seguintes [5]:

Em recém-nascidos:

- Malformações cerebrais
- Falta de oxigénio durante o parto

- Níveis baixos de açúcar no sangue e de cálcio
- Doenças metabólicas congénitas
- Consumo de drogas pelas mães
- **Em Bebés e crianças :**
- Febre (convulsões febris)
- Tumor cerebral (raro)
- Infecções

> **Em crianças e adultos**:

- Doenças congénitas
- Doença cerebral progressiva (rara)
- Traumatismo craniano
- **Seniores:**
- Acidente vascular cerebral
- Doença de Alzheimer
- Trauma

1.3. Porque é que é importante reconhecer a epilepsia?

No passado, os médicos tinham relutância em fazer este diagnóstico, mesmo após repetidas crises, uma vez que isso tinha consequências negativas, como a estigmatização social e restrições à condução e ao trabalho. Isto pode levar a lesões físicas. É muito importante reconhecer as crises epilépticas para evitar lesões físicas. Além disso, o doente pode beneficiar de um tratamento adequado.

1.4. Eletroencefalografia (EEG)

O EEG mede a atividade eléctrica no cérebro causada pelo fluxo de correntes eléctricas durante a excitação sináptica dos dendritos nos neurónios e é extremamente sensível aos efeitos das correntes secundárias [3]. Os sinais EEG podem ser facilmente registados de forma não invasiva utilizando eléctrodos colocados no couro cabeludo, o que faz com que seja, de longe, a modalidade de registo mais utilizada. No entanto, fornece sinais de muito má qualidade, uma vez que os sinais têm de atravessar o couro cabeludo, o crânio e muitas outras camadas. Isto significa que os sinais EEG nos eléctrodos são fracos, difíceis de detetar e de má qualidade. Além disso, esta técnica é fortemente afetada pelo ruído de fundo, quer seja gerado dentro do cérebro ou fora do couro cabeludo.

O sistema de registo EEG é composto por eléctrodos, amplificadores, conversores A/D e um dispositivo de registo. Os eléctrodos recolhem o sinal do couro cabeludo; os amplificadores processam o sinal analógico para aumentar a amplitude dos sinais EEG, de modo a que o conversor A/D possa digitalizar o sinal com maior precisão. Por fim, o dispositivo de registo, que pode ser um computador pessoal ou similar, armazena e apresenta os dados.

O sinal EEG é medido como a diferença de potencial ao longo do tempo entre o elétrodo de sinal ou ativo e o elétrodo de referência. Um terceiro elétrodo adicional, denominado elétrodo de terra, é utilizado para medir a diferença de tensão entre o ponto ativo e o ponto de referência. A configuração mínima para uma medição EEG é, portanto, constituída por um elétrodo ativo, um elétrodo de referência e um elétrodo de terra. As configurações multicanal podem ter até 128 ou 256 eléctrodos activos [3]. Estes eléctrodos são geralmente feitos de cloreto de prata (AgCl). A impedância de contacto entre o elétrodo e o bisturi deve situar-se entre 1 kQ e 10 kQ para registar um sinal preciso. A interface elétrodo-tecido não é apenas resistiva, mas também capacitiva, pelo que se comporta como um filtro passa-baixo. A impedância depende de vários factores, como a camada limite, a superfície do elétrodo e a temperatura. O gel EEG cria um caminho condutor entre a pele e cada elétrodo, o que reduz a impedância. No entanto, a utilização do gel é trabalhosa, uma vez que é necessária uma manutenção contínua para garantir uma qualidade de sinal relativamente boa. Os eléctrodos que não necessitam de géis, conhecidos como eléctrodos "secos", foram fabricados a partir de outros materiais, como o titânio e o aço inoxidável. Este tipo de elétrodo pode ser eléctrodos "secos" activos, que dispõem de circuitos de pré-amplificação para fazer face a impedâncias de interface muito elevadas entre o elétrodo e a pele, ou eléctrodos "secos" passivos, que não dispõem de circuitos activos, mas que são ligados a sistemas de registo EEG com impedância de entrada ultra elevada.

A amplitude dos bio sinais eléctricos situa-se na gama dos microvolts. Consequentemente, o sinal é muito sensível ao ruído eletrónico. As fontes externas, como as linhas eléctricas, podem gerar ruído de fundo, ao passo que o ruído térmico, o ruído de fotogramas, a cintilação e o ruído de explosão são gerados por fontes internas. Para reduzir o impacto do ruído, é necessário ter em conta considerações de conceção, como a proteção contra interferências electromagnéticas ou a redução do sinal de modo comum, para citar apenas algumas. O EEG compreende uma série de sinais que podem ser classificados de acordo com a sua frequência. Estas bandas de frequência são designadas por delta (δ), teta (θ), alfa (α), beta (β) e gama (Υ), de baixa a alta, respetivamente.

Tabela 1.1: Breve descrição dos sinais cerebrais [18].

Signal	**Brain Location**	**Description**
Delta (δ)	Frontal(adults) Posterior(children)	Sleep time, frequent in babies. Active in attention tasks.
Theta (θ)	Different locations	Mostly found in young children Active in drowsiness or arousal in older children and adults Idle state Found to be spike when a person in attempting to repress action or response
Alpha (α)	1.Posterior, both sides 2.Higher in amplitude on dominant side 3.Central sites at rest	Relax or Reflecting state Closing of eyes.
Beta (β)	Both on left & right side of brain Symmetrical distribution activity Most evident frontally	Alert or focused, active, busy state
Gamma (γ)	Both left & right sides of brain, midline to front and back	Sensory processing Short term memory activities

1.5. 10-20 Sistema internacional

O Sistema Internacional de Colocação de Eléctrodos 10-20 é um sistema reconhecido que descreve a localização dos eléctrodos que devem ser colocados no couro cabeludo para registar os sinais EEG. A figura 1.2 ilustra os diferentes pontos de colocação dos eléctrodos. Os números "10" e "20" significam que os eléctrodos devem ser colocados a 10-20% da distância total do crânio humano, da frente para trás ou da direita para a esquerda. As diferentes letras foram atribuídas a diferentes localizações para facilitar a identificação dos lobos e hemisférios cerebrais. Finalmente, os números pares e ímpares descrevem o lado em que o hemisfério está localizado. O número ímpar descreve o hemisfério esquerdo, enquanto o número par descreve o hemisfério direito do crânio. Este sistema utiliza dois pontos de referência, um no nasion (acima do nariz) e o outro no inion (o nó ósseo na base do crânio).

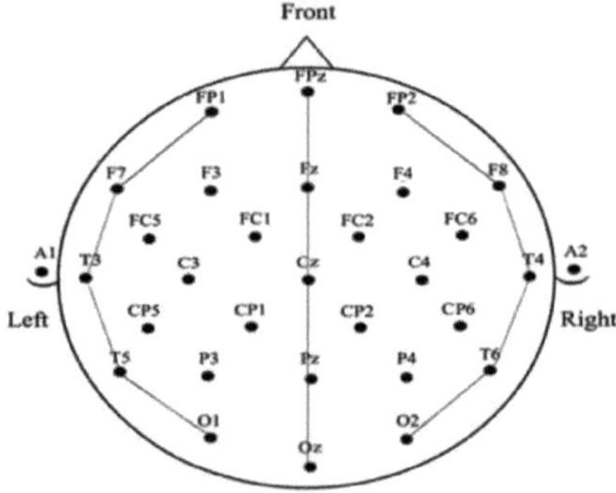

Figura 1.2 Sistema internacional 10-20 para colocação de eléctrodos.

$$X(f) = \langle x, e^{i2\pi ft} \rangle = \int_{-\infty}^{\infty} x(t)e^{-i2\pi ft}\,dt \qquad \text{.......} (1.2)$$

1.6. Extração de caraterísticas

A HMI indica diferentes actividades dos neurónios que podem produzir um ritmo mu, e o conhecimento desses sinais é essencial para o desenvolvimento do sistema. O sistema pode utilizar estas caraterísticas para se correlacionar com a tarefa específica que conduz as máquinas e, para o fazer, os investigadores precisam de escolher valores inteiros para m, k e a ondulação inicial definida pela solução de uma equação de dilatação ou por uma expressão analítica. Os sinais contínuos e discretos podem então ser aproximados da mesma forma que as séries de Fourier e as transformadas discretas de Fourier.

Transformada rápida de Fourier

$$x(t) = \int_{-\infty}^{\infty} X(f)e^{i2\pi ft}\,df \qquad \text{....... (1.3)}$$

A transformada de Fourier é um método invariante no tempo que transforma um sinal do domínio do tempo para o domínio da frequência. Pode ser utilizada para estudar as funções e as fontes de diferentes oscilações cerebrais através da análise de EEGs ou ERPs. Os pares de transformações de Fourier são expressos da seguinte forma: x0... xN-1 seriam números complexos[16]. A transformada de Fourier de um sinal pode ser expressa da seguinte forma

caraterísticas precisas para que não sejam distorcidas pelo EEG. Alguns destes métodos de análise são descritos de seguida.

$$h_{m,k}(t) = \frac{1}{\sqrt{a}}\,h\left(\frac{t-b}{a}\right) = \frac{1}{\sqrt{2^m}}h(2^{-m}t - k) \qquad \text{.... (1.1)}$$

Vamos assumir que o sinal é constituído por uma energia finita

1.7. Transformada de Wavelet

A transformada wavelet inclui uma análise de escala de tempo para deteção de frequência. O resultado pode ser deduzido se o sinal de entrada for semelhante ao sinal de saída registado. O conjunto de funções wavelet é normalmente derivado da wavelet inicial (mãe) h(t), que é esticada pelo valor a = 2m, deslocada pela constante b = k 2m e normalizada de modo a que

Este processo resulta numa medida da semelhança entre x(t) e as funções modelo e expressa a informação média de frequência ao longo de todo o período do sinal que está a ser analisado[16].A Tabela 1.2. resume as diferentes técnicas de extração de caraterísticas e as suas caraterísticas.

Tabela 1.2: Caraterísticas das técnicas de extração de caraterísticas [18].

Method	Properties
CCA	Linear transformation Set of possibly correlated observations is transformed into a set of uncorrelated variables Optimal representation of data in terms of minimal mean-square-error Valuable noise and dimension reduction method.
CWT,DWT	Provides both frequency and temporal information Suitable for non-stationary signals DWT reduces the redundancy and complexity of CWT
FFT	Time shift invariant method Used for studying the functions and sources of different brain oscillations by analyzing EEGs or ERPs

1.8.Classificação

O objetivo da classificação é reconhecer as intenções de um utilizador com base num vetor de caraterísticas que caracteriza a atividade cerebral fornecida pelo passo de caraterísticas. Para atingir este objetivo, podem ser utilizados algoritmos de regressão ou de classificação, sendo os algoritmos de classificação atualmente a abordagem mais popular [3].

Os algoritmos de regressão utilizam caraterísticas extraídas dos sinais EEG como variáveis independentes para prever as intenções do utilizador. Em contrapartida, os algoritmos de classificação utilizam as caraterísticas extraídas como variáveis independentes para definir os limites entre diferentes objectivos no espaço de caraterísticas.

No caso de quatro objectivos e partindo do princípio de que os objectivos se distribuem linearmente, a abordagem de regressão requer apenas uma função. Em contrapartida, a abordagem de classificação requer a determinação de três funções, uma para cada um dos três limites entre os quatro objectivos. Consequentemente, a abordagem de classificação pode ser mais útil para aplicações com dois objectivos, enquanto a abordagem de regressão é preferível para um maior número de objectivos, quando estes podem ser ordenados ao longo de uma ou mais dimensões. Além disso, a abordagem de regressão é mais adequada para o feedback contínuo, por exemplo, para aplicações que envolvam o controlo contínuo do movimento do cursor.

Os algoritmos de classificação podem ser desenvolvidos em sessões offline ou online, ou em ambas. A sessão offline envolve o estudo de conjuntos de dados, como os conjuntos de dados da competição HMI [3], recolhidos por um sistema adaptativo ou de circuito fechado. As estatísticas dos dados podem ser estimadas a partir de observações ao longo de sessões inteiras e podem ser efectuados cálculos a longo prazo. Os resultados podem ser examinados pelo analista para aperfeiçoar os algoritmos. A análise de dados offline é valiosa, mas não lida com questões em tempo real. As sessões em linha, por outro lado, oferecem um meio de avaliar os sistemas HMI num ambiente real. Os dados são processados de forma causal e os algoritmos são testados num ambiente em que os utilizadores mudam ao longo do tempo, por exemplo, devido a alterações na motivação ou fadiga. Embora alguns investigadores apenas testem novos algoritmos com dados offline, tanto as simulações offline como as experiências online são necessárias para conceber eficazmente algoritmos em sistemas fechados.

Por outras palavras, a simulação offline e a validação cruzada podem ser métodos valiosos para desenvolver e testar novos algoritmos, mas só a análise online pode fornecer provas sólidas do desempenho de um sistema HMI [3].

Os algoritmos de classificação são tradicionalmente calibrados pelos utilizadores através de uma aprendizagem supervisionada a partir de um conjunto de dados rotulados. Parte-se do princípio de que o classificador é capaz de reconhecer padrões no sinal cerebral registado durante as sessões em linha com feedback. No entanto, este pressuposto conduz a uma redução do desempenho dos sistemas HMI, uma vez que os sinais cerebrais não são estacionários por natureza.

Para além do facto de a aprendizagem supervisionada não ser óptima para classificar sinais não estacionários, são geralmente necessários grandes conjuntos de dados e, por conseguinte, longas sessões de calibração inicial para obter uma precisão aceitável. A aprendizagem semi-supervisionada foi proposta para reduzir o tempo de formação e atualizar continuamente o classificador durante a sessão em linha [3]. Na aprendizagem semi-supervisionada, o classificador é primeiro treinado com um pequeno conjunto de dados rotulados e depois atualizado com dados de teste em linha.

Os classificadores também enfrentam dois grandes problemas associados à tarefa de reconhecimento de padrões: a maldição da dimensionalidade e o compromisso entre pré-constrangimento e variância. A maldição da dimensionalidade significa que o número de dados de treino necessários para obter bons resultados aumenta exponencialmente com a dimensionalidade do vetor de caraterísticas. Infelizmente, os dados de treino disponíveis na investigação sobre HMI são geralmente pequenos, uma vez que o processo de treino é muito moroso e cansativo para os utilizadores. O compromisso entre tendência e variância representa a tendência natural dos classificadores para uma tendência elevada para uma variância baixa e vice-versa. Os classificadores estáveis caracterizam-se por uma tendência elevada para uma variância baixa, enquanto os classificadores instáveis têm uma variância elevada para uma tendência baixa. Para obter o menor erro de classificação, a polarização e a variância devem ser baixas ao mesmo tempo. Podem ser utilizadas várias técnicas de estabilização, como a combinação de classificadores ou a regularização, para reduzir a variância. A conceção da etapa de classificação implica a seleção de um ou mais algoritmos de classificação a partir de uma série de alternativas. Foram propostos vários algoritmos de classificação, tais como classificadores do tipo k-vizinho mais próximo, classificadores lineares, máquinas de vectores de apoio e redes neuronais, para citar apenas alguns.

1.9. Rede neural artificial

Uma rede neuronal artificial é uma ferramenta matemática que imita certos aspectos funcionais de uma rede neuronal biológica. É constituída por grupos de neurónios artificiais interligados. As versões de baixo limiar dos neurónios cerebrais são reproduzidas por células, e as suas redes são reproduzidas sinteticamente e com precisão utilizando redes neuronais artificiais.

As diferentes redes neuronais têm algoritmos e arquitecturas de aprendizagem diferentes. Também diferem fundamentalmente na forma como aprendem ou funcionam. O algoritmo de aprendizagem mais comum utilizado na classificação é o algoritmo de retropropagação, que utiliza uma técnica de aprendizagem supervisionada. O principal objetivo deste algoritmo é reduzir os erros e treinar continuamente a rede até que esta tenha aprendido os dados. KKKUma iteração deste algoritmo pode ser escrita como $X_{K+1} = X_K \; \alpha \; g_k$, em que XK é um vetor dos pesos e distorções actuais, g o gradiente atual e α a taxa de aprendizagem da rede.

1.9.1. Rede front-end multi-nível

Tal como o nome sugere, uma rede de feed-forward multicamada é uma rede de feed-forward multicamada. Nesta rede, existem três tipos de neurónios: neurónios de entrada, neurónios ocultos e neurónios de saída. As unidades de cálculo da camada oculta são designadas por unidades ocultas ou neurónios ocultos. Os pesos e os neurónios da camada de entrada estão ligados à camada oculta e os neurónios da camada oculta e os pesos estão ainda ligados aos neurónios da camada de saída.

1.9.2. Aprendizagem numa rede neuronal

Existem diferentes métodos para treinar a nossa rede neuronal, ou seja, existem algoritmos de aprendizagem para redes neuronais que são classificados como aprendizagem supervisionada, aprendizagem não supervisionada e aprendizagem por reforço. Se for dado um vetor de entrada às entradas e um conjunto de respostas preferenciais, uma para cada nó, à camada de saída, este tipo de aprendizagem é designado por aprendizagem supervisionada. É efectuada uma viagem de ida e volta e os erros entre a resposta pretendida e a resposta real são tidos em conta para cada nó. Estes erros são então utilizados para determinar as alterações de ponderação com base na regra de aprendizagem predominante. Na aprendizagem não supervisionada, os pesos e as pré-condições só são alterados em resposta às entradas da rede. Não está disponível qualquer resultado pretendido e a maioria destes algoritmos efectua operações de agrupamento. Este tipo de aprendizagem é utilizado, por exemplo, na quantização de vectores.

1.9.3. Algoritmo de aprendizagem de retropropagação

Neste algoritmo de aprendizagem, os neurónios artificiais são dispostos em camadas e enviam os seus sinais para a frente, mas os erros são propagados para trás. Nas redes neuronais, existem principalmente três camadas: a camada de entrada, a camada de saída e a camada oculta. Algumas redes neuronais podem também conter uma ou mais camadas ocultas intermédias. O algoritmo de aprendizagem por retropropagação é um algoritmo de aprendizagem supervisionada cujo principal objetivo é reduzir os erros até que a rede aprenda perfeitamente os dados de treino. Na execução mais simples da aprendizagem por retropropagação, os pesos e o pré-esforço da rede são actualizados no caminho em que a função de potência diminui mais rapidamente, o negativo do gradiente.

Como o erro é a diferença entre a saída real e a saída desejada, o erro depende dos pesos e precisamos modificar esses pesos para reduzir o erro. O erro da rede é a soma dos erros de todos os neurónios da camada de saída. Esse algoritmo mostra como o erro depende da saída, das entradas e dos pesos, e podemos modificar facilmente os pesos usando o método de queda de gradiente.

O algoritmo de Levenberg-Marquardt foi desenvolvido para aproximar a velocidade de treinamento de segunda ordem sem ter que comparar a matriz Hessiana. ^{TT}Quando a função de potência tem a forma de uma soma de quadrados, a matriz Hessiana pode ser escrita como H = J J, e o gradiente pode ser escrito como g = J e, onde e é um vetor de erros da rede e J é a matriz Jacobiana. Esta matriz contém as primeiras derivadas dos erros da rede em relação aos pesos e às distorções. Pode ser calculada utilizando a técnica de propagação padrão. O algoritmo de Levenberg-Marquardt utiliza a seguinte atualização do tipo Newton

$X_{K+1} = X_K^{-}[J^TJ + \mu I]-1J^Te.$ Neste algoritmo,

Se o escalar for μ grande, este método acaba por ser uma descida de gradiente com um passo minúsculo. O método de Newton é muito mais exato e rápido. M é diminuído a cada passo bem sucedido e só é aumentado se um passo hesitante melhorar a função de potência.

1.9.4. Algoritmo de regularização bayesiano

O principal objetivo deste algoritmo é minimizar uma combinação de erros quadrados e pesos e determinar a combinação correta para criar uma rede bem generalizada. Além disso, a combinação linear é modificada. A regularização bayesiana é efectuada no âmbito do algoritmo de Levenberg-Marquardt. A BP é utilizada para estimar o Jacobiano jX do desempenho em função dos pesos e das variáveis de enviesamento X. Cada variável é também ajustada de acordo com Levenberg-Marquardt. Cada variável é também ajustada de acordo com Levenberg-Marquardt,

jj = jX*jX, je = jX*E, dx = -(jj + I*mu)\je

em que E representa todos os erros e I a matriz de identidade.

1.9.5. Algoritmo secante de um nível

O método da secante de um passo (OSS) é uma tentativa de colmatar a lacuna entre o gradiente conjugado e os algoritmos quase-Newton (secante). O armazenamento da matriz Hessiana completa não é necessário com este algoritmo; assume que, em cada iteração, a matriz Hessiana anterior era a matriz identidade. Além disso, este algoritmo permite que a nova direção de pesquisa seja calculada sem calcular uma matriz inversa.

Este método de determinação de raízes utiliza uma sequência de raízes de linhas que se intersectam para melhor aproximar uma raiz de uma função. Este método também pode ser visto como uma aproximação ao método de Newton. O comando MATLAB para este método é trainoss.

1.10. Máquina de vetor de suporte

Trata-se de uma outra técnica utilizada para a classificação e a regressão. As SVM foram introduzidas pela primeira vez em 1992 por Boser, Guyon e Vapnik no COLT-92 [18]. As SVMs são uma série de métodos de aprendizagem supervisionada relacionados, utilizados para classificação e regressão. Pertencem a uma família de classificadores lineares generalizados. Utilizam principalmente a teoria da aprendizagem automática para maximizar a exatidão da previsão dos resultados, evitando o sobreajuste dos dados.

1.10.1. Classificação com SVM

A SVM seleciona os hiperplanos que maximizam a margem, ou seja, a distância entre as amostras de treino mais próximas e os hiperplanos [20]. A base da SVM é representar os dados num espaço de elevada dimensão e encontrar um hiperplano de separação com a margem máxima, de acordo com o teorema de Cover sobre a separabilidade das amostras. A SVM tem sido utilizada para classificar vectores de caraterísticas em problemas binários [21] e multiclasse [22]. Também tem sido utilizado com êxito num grande número de HMIs síncronas. Este classificador é considerado um classificador linear, uma vez que utiliza um ou mais hiperplanos. No entanto, também é possível criar uma SVM com uma fronteira de decisão não linear utilizando uma função de kernel K(x,y). Uma SVM não linear resulta numa fronteira de decisão mais flexível no espaço de dados, o que pode melhorar a precisão da classificação. A Figura 1.3 mostra, por exemplo, dois clusters e hiperplanos de separação, que são linhas num espaço bidimensional. Existem muitos classificadores lineares que classificam corretamente os dois conjuntos de dados, tais como *l1, l2* e *l3*.

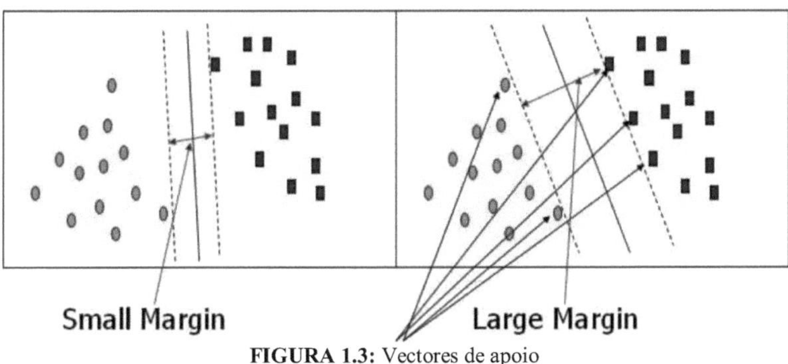

FIGURA 1.3: Vectores de apoio

$F(x) = w.x - b$ ....(1.5)

Para obter a separação máxima entre as duas categorias, a SVM seleciona o hiperplano com a maior margem. A margem é a soma da distância mais curta entre o hiperplano de separação e o ponto de dados mais próximo das duas categorias.

Este hiperplano é provavelmente mais generalizável, o que significa que o hiperplano classifica corretamente os pontos de dados "não vistos" ou "de teste".

$D = \{(x1, y1), (x2, y2) \ldots\ldots\ldots\ldots (x_m, y_m)\}$ ....(1.4)

Os pontos de dados mais próximos do hiperplano são utilizados para medir as margens, pelo que estes pontos de dados são designados por "vectores de apoio". As SVMs mapeiam do espaço de entrada para o espaço de caraterísticas, a fim de apoiar problemas de classificação não lineares. O truque do kernel é útil neste contexto, uma vez que detecta a ausência de

em que xi é um vetor real n-dimensional, yi é 1 ou -1 e indica a classe a que pertence o

ponto xi pertence. A função de classificação SVM F(x) tem a seguinte forma: Equação 1.5

a formulação exacta da função de mapeamento, o que pode causar o problema da maldição da dimensionalidade. Isto faz com que uma classificação linear no novo espaço seja equivalente a uma classificação não linear no espaço original. As SVMs fazem-no mapeando os vectores de entrada para um espaço de dimensão superior, no qual é construído um hiperplano de separação máxima.

1.10.2. Margem dura SVM

A SVM calcula o hiperplano de margem e o suporte máximo, bem como a classificação não linear. A SVM de margem dura é um método em que os dados de treino estão isentos de ruído e podem ser corretamente classificados por uma função linear [22]. Os pontos de dados D na Figura 3.2 podem ser expressos matematicamente da seguinte forma.

Onde *w* é o vetor de pesos e *b* é o bais, calculado pela SVM no processo de aprendizagem. Para classificar corretamente o conjunto de treino, F(w **e** b) deve fornecer números positivos para pontos de dados positivos e números negativos para os restantes, ou seja, para cada ponto xi em D, w.xi-b > 0 se yi

= 1, e w.xi - b < 0 se yi = -1.

1.10.3. MVS multi-classe

As SVM foram originalmente desenvolvidas para efetuar a classificação binária, mas são muito limitadas, especialmente para a classificação da ocupação do solo em deteção remota, uma vez que a maioria das classificações inclui mais de duas classes.

Foram propostos muitos métodos para as máquinas de vectores de apoio multiclasse extraídas de SVMs binárias, e muitos estão ainda a ser considerados pelos investigadores [19].

1.10.4. (a) Abordagem "um contra todos

Também conhecido como classificação *winner-take-all*, podem ser criados classificadores binários M SVM, sendo cada classificador treinado para distinguir uma classe das outras classes de Mal. Por exemplo, o classificador binário da classe um é concebido para distinguir entre vectores de dados da classe um e vectores de dados de outras classes. Outros classificadores SVM são construídos da mesma forma. Na fase de teste ou de aplicação, os vectores de dados são classificados através da determinação da margem no hiperplano de separação linear [23]. A saída final é a classe correspondente ao SVM com a maior margem. No entanto, se as saídas correspondentes a duas ou mais classes forem muito próximas, esses pontos são considerados não classificados e o analista pode ter de tomar uma decisão subjectiva. Caso contrário, também pode ser tomada uma decisão de rejeição utilizando um limiar para determinar o rótulo da classe.

Este método multiclasse tem a vantagem de o número de classificadores binários a construir ser igual ao número de classes. No entanto, também tem algumas desvantagens. Em primeiro lugar, a necessidade de memória durante a fase de treino é muito elevada e é o quadrado do número total de modelos de treino. Este facto pode causar problemas com grandes conjuntos de dados de treino e levar a problemas de memória no computador. Em segundo lugar, suponhamos que existem M classes e que cada uma tem o mesmo número de amostras de treino. Durante a fase de treino, o rácio entre as amostras de treino de uma classe e as restantes classes é de 1 : (M-1).

1.10.3 b) Abordagem individual

Neste método, os classificadores SVM são criados para todos os pares de classes possíveis [18]. Assim, existem classificadores binários para M classes. A saída de cada classificador é obtida sob a forma de um rótulo de classe. A etiqueta da classe que aparece mais frequentemente é atribuída a esse ponto do vetor de dados [20]. Em caso de empate, pode ser aplicada uma estratégia para resolver o empate. Uma estratégia comum é selecionar aleatoriamente uma das etiquetas de classe para a qual existe um empate. O número de classificadores criados com este método é geralmente muito maior do que com o método anterior. No entanto, o número de vectores de dados de treino necessários para cada classificador é muito menor [24]. O rácio entre o tamanho dos vectores de dados de treino para uma classe e para outra também é o mesmo. Por conseguinte, este método é considerado mais simétrico do que o método "um contra o resto". Além disso, a quantidade de memória necessária para criar a matriz do kernel é significativamente menor. A Tabela 1.3 apresenta um resumo dos diferentes algoritmos de classificação.

Quadro 1.3: Resumo dos métodos de classificação [3].

Approaches	**Properties**
Support Vector Machine (SVM)	• Linear and non-linear (Gaussian) modalities • Binary or multiclass method • Maximizes the distance between the nearest training samples and the hyperplanes • Fails in the presence of outliers or strong noise. Regularization required • Speedy classifier
Artificial Neural Network (ANN)	• Very flexible classifier • Multiclass • Multiple architectures (PNN, Fuzzy ARTMAP ANN, FIRNN, PeGNC)

Capítulo 2

REVISÃO DA LITERATURA

2.1. REVISÃO DA LITERATURA

Segue-se uma panorâmica completa dos trabalhos efectuados por vários investigadores no domínio da instrumentação biomédica, seguida de uma descrição.

***Shoeb et al* (2004)** utilizaram o método de decomposição de wavelets com uma máquina de vectores de suporte como classificador [6]. Os autores utilizaram o método de decomposição de wavelets para construir um vetor de caraterísticas que capta a morfologia e a distribuição espacial de uma época electroencefalográfica e, em seguida, determinaram se este vetor era representativo do eletroencefalograma de um doente com ou sem convulsões, utilizando o algoritmo de classificação Support-Vetor Machine.

***Srinivasan et al* (2005)** propuseram um modelo utilizando uma rede neural recorrente, a rede Elman. Esta rede utilizou as propriedades dos sinais EEG tanto no domínio do tempo como no domínio da frequência, e verificou-se que os resultados obtidos por esta rede com uma única entrada eram muito superiores aos obtidos com várias entradas [8].

***Leach et al* (2006)** utilizaram três protocolos diferentes para o registo de sinais EEG: r-EEG, EEG após privação de sono e após administração oral de temazepam, e concluíram que o EEG após privação de sono era mais adequado para as convulsões [5].

***Rosso et al* (2006)** utilizaram a energia wavelet e a entropia wavelet para analisar EEGs usando classificadores baseados na árvore de código Shannon e Trellis [7]. Os autores utilizaram energias relativas de wavelets, entropias de wavelets e complexidades estatísticas de wavelets para caraterizar registos de EEG do couro cabeludo correspondentes a crises epilépticas tónico-colónicas generalizadas secundárias.

***Srinivasan et al* (2007)** propuseram um sistema que utilizava a entropia aproximada como caraterística de entrada e se baseava num classificador de rede neural [9]. O seu sistema baseava-se numa única caraterística que exigia pouco cálculo e concluíram que era o mais adequado para a deteção em tempo real de crises epilépticas a partir de registos ambulatórios.

***Bin G. et al* (2008)** propuseram um método de mapeamento para representar a distribuição de SSVEP no couro cabeludo, utilizando o método CCA. A análise de correlação canónica (CCA) é um método para extrair semelhanças entre dois conjuntos de dados. Neste trabalho, é apresentada uma CCA baseada em imagens topográficas do couro cabeludo para a análise de potenciais evocados visuais (SSVEPs) [25]. Os autores concluíram que a CCA baseada no mapeamento topográfico do couro cabeludo pode ajudar a melhorar o sistema de interface cérebro-computador baseado em SSVEPs.

***Zandi et al* (2008)** propuseram um novo sistema baseado em wavelets que utiliza a análise de janelas móveis [10]. O seu sistema aumentou a sensibilidade e a especificidade do algoritmo de deteção de crises e reduziu o tempo de deteção.

***Shoeb et al* (2010)** propuseram um sistema que utiliza uma abordagem de aprendizagem automática para um classificador específico do doente que detecta o início de crises epilépticas [12]. O seu algoritmo detectou 96% das 173 crises testadas com um tempo de deteção médio de 3 segundos e uma taxa de deteção de erros média de 2 detecções de erros por período de 24 horas.

***Cao T. et al.* (2011)** apresentaram uma interface cérebro-computador (BCI) online baseada no potencial evocado visual estacionário (SSVEP), em que os estímulos são exibidos num ecrã de cristais líquidos (LCD) com um método de codificação baseado em quadros [26]. O sistema tem um forte enfoque na praticidade e conveniência, incluindo um alfabeto apropriado (42 caracteres) que permite uma ampla gama de opções.

***Fernando L. et al* (2012)** deram uma visão geral das modalidades utilizadas durante a aquisição de sinais, diferentes sinais de controlo electrofisiológicos, técnicas utilizadas durante o melhoramento de sinais, diferentes algoritmos utilizados durante a extração e classificação de caraterísticas e, por fim, oferecem uma visão geral de diferentes aplicações HMI que controlam uma série de dispositivos [27].

***Chen G.* (2014)** utilizou caraterísticas de Fourier Dual-Tree-Complex-Wavelet. Propôs um novo método para a deteção de convulsões em eletroencefalografia (EEG) utilizando caraterísticas de Fourier Dual-Tree-Complex-Wavelet (DTCWT). A base de dados EEG da Universidade de Bona foi utilizada para testar o sistema [11].

***Omerhodzic et al* (2014)** propuseram um algoritmo de classificação do sinal EEG baseado na DWT. A DWT é também utilizada com a ARM para decompor o sinal EEG em níveis de resolução dos componentes do sinal EEG e extrair a distribuição percentual das caraterísticas energéticas do sinal EEG em diferentes níveis de resolução. O FFNN classificou então estas caraterísticas extraídas para identificar o tipo de EEG com base na distribuição percentual das caraterísticas energéticas. Os resultados mostraram que o classificador proposto podia detetar e classificar eficazmente os sinais EEG [17].

Bhatia P et al (2015) investigaram diferentes abordagens para extrair sinais cerebrais, tais como EEG, ECoG, MEG, INR e MRI. Concluíram que o EEG era a melhor técnica. Concluíram que se tratava de uma técnica não invasiva e menos dispendiosa. Embora forneça sinais distorcidos e fracos, os sinais podem ser facilmente recuperados utilizando amplificadores e filtros.

Nos últimos anos, os sistemas têm sido desenvolvidos tendo em mente a segurança dos doentes e os cuidados em tempo real. Durante um ataque epilético, os doentes não estão conscientes do seu estado porque estão inconscientes. Esta situação pode levar a lesões físicas. A deteção de ataques epilépticos é muito importante para evitar danos físicos. Também é importante tratar o doente a tempo para que receba o tratamento adequado.

O sistema existente utiliza várias técnicas de decomposição para decompor os sinais EEG e um classificador de rede neural para os classificar, mas a exatidão dos sistemas existentes é inferior a 90%. O sistema proposto utiliza um classificador Support Vetor Machine (SVM) em conjunto com técnicas de decomposição de wavelets para melhorar a precisão do sistema.

2.2. Formulação do problema

Nos últimos anos, foram propostos numerosos sistemas e técnicas para a deteção precoce de crises epilépticas. Cada sistema foi desenvolvido tendo em conta a segurança do doente. Durante uma crise epilética, os doentes não se apercebem do seu estado porque estão inconscientes, o que pode levar a lesões físicas. É muito importante reconhecer as crises epilépticas para evitar danos físicos. Além disso, o doente pode beneficiar de um tratamento adequado.

O sistema existente utiliza várias técnicas de decomposição para decompor os sinais EEG e um classificador de rede neural para os classificar, mas a exatidão dos sistemas existentes é inferior a 90%. O sistema proposto utiliza um classificador Support Vetor Machine (SVM) em conjunto com técnicas de decomposição de wavelets para melhorar a precisão do sistema.

2.3. Objectivos

1. Estudo da epilepsia e das suas causas
2. Capturar sinais EEG de doentes com epilepsia e de voluntários saudáveis, com idades equivalentes, e extrair vectores de frequência dos sinais captados utilizando técnicas de extração de caraterísticas.
3. Avaliar e comparar a precisão dos classificadores ANN e SVM no sistema concebido.

Capítulo 3

CONCEPÇÃO EXPERIMENTAL

3.1. Estrutura experimental

É proposto um sistema de inteligência artificial capaz de reconhecer uma série de padrões em sinais cerebrais, em cinco fases sucessivas (Figura 3.1): Aquisição de sinais, pré-processamento ou melhoramento de sinais, extração de caraterísticas, distribuição de energia e classificação. O EEG de participantes da mesma idade é registado tanto por doentes com epilepsia como por indivíduos saudáveis. Na fase de aquisição do sinal, os sinais cerebrais são captados e a redução do ruído e o processamento de artefactos também podem ser efectuados. Na fase de pré-processamento, os sinais são preparados numa forma adequada para processamento posterior. Na fase de extração de caraterísticas, a informação discriminante é identificada nos sinais cerebrais registados. Após a medição, o sinal é mapeado para um vetor que contém caraterísticas eficazes e discriminatórias derivadas dos sinais observados. As matrizes de nível de energia são então preparadas para a classificação. Durante a fase de classificação, os sinais são diferenciados em sinais epilépticos ou normais.

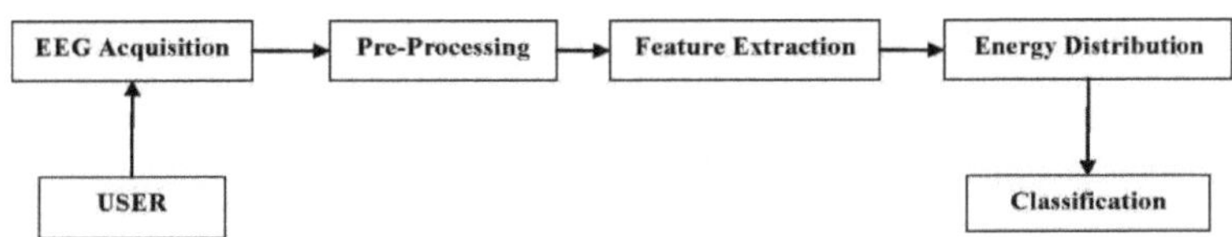

FIGURA 3.1 Diagrama de blocos do sistema proposto.

3.2. Critérios de seleção

Participaram no estudo 50 voluntários saudáveis e 50 doentes com epilepsia. Foi obtida uma declaração ética antes do registo dos sinais. A visão era normal ou corrigida para visão normal. A idade variou de 21 a 28 anos, com uma média de 23,65 anos. Os sujeitos foram selecionados de diferentes regiões. 10% dos sujeitos eram mulheres, os restantes 90% eram homens. Nenhum dos sujeitos era ingénuo ao equipamento BCI ou ao paradigma. O EEG foi registado continuamente durante 4 minutos num estado de relaxamento. Cada sessão consistia em 20 tentativas. Os sujeitos tinham de manter uma concentração visual total.

O EEG captado é transferido do Super Spec para o MATLAB. Os sinais EEG são então decompostos em cinco níveis utilizando a wavelet de Daubechies (db5). A distribuição de energia destes coeficientes decompostos detalhadamente é então calculada.

Estes coeficientes de distribuição de energia são então tratados como entradas para os classificadores. O kit de ferramentas de redes neurais do MATLAB foi utilizado para treinar uma rede neural simples com estas matrizes de entrada-saída.

3.3. Material e equipamento

- EEG RMS cap
- Total de entradas:- 32
- ADC:- 14 bits em hardware
- Taxa de amostragem:- 1024Hz/canal
- Taxa de armazenamento:- 256Hz/canal
- Resolução:- <0,3 microvolt

- Colocação de eléctrodos de acordo com o sistema internacional 10-20.

O sistema RMS EEG-32 Super Spec foi utilizado para extrair sinais EEG de vários indivíduos. O sistema garante uma aquisição de dados autêntica e de alta resolução graças ao seu software e à sua caixa de cabeça. O sistema é constituído pela caixa de cabeça, pelo adaptador, pelos cabos de ligação, pelos eléctrodos e pelo PC (ver figura 3.2).

A caixa de cabeça é utilizada para ligar os eléctrodos do couro cabeludo à unidade de hardware. O sinal gerado é amplificado e depois enviado para a caixa adaptadora para processamento do sinal. A figura 3.2 mostra a caixa adaptadora em combinação com o software Super Spec. O sinal digital gerado é então visualizado no software Super Spec, concebido para sinais EEG.

A caixa de cabeça minimiza a absorção de ruído. A integração total do processamento analógico e digital numa caixa de cabeça compacta assegura uma excelente relação sinal/ruído. Pode adquirir simultaneamente 32 canais de dados brutos e também verifica a impedância CA real em linha. A codificação por cores do mapeamento cerebral também pode ser efectuada com a caixa de cabeça, de acordo com a norma internacional.

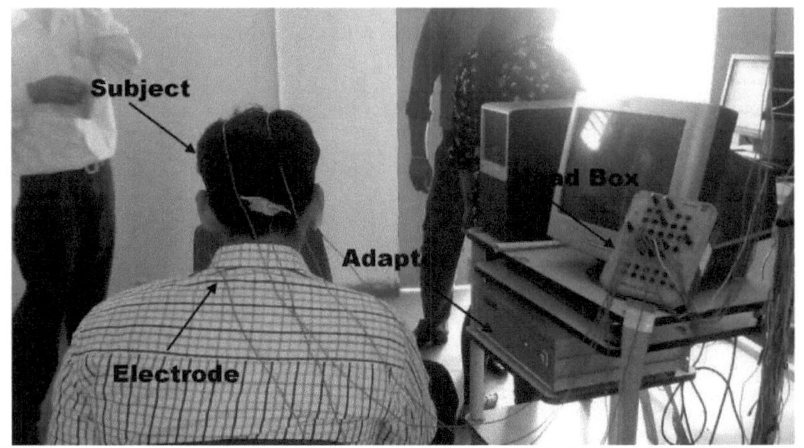

FIGURA 3.2: Configuração experimental para extração de caraterísticas dos sinais EEG do sujeito (cortesia do NIT, Jalandhar).

Capítulo 4

RESULTADOS E DISCUSSÃO

Este capítulo apresenta as diferentes etapas utilizadas no sistema proposto, capaz de reconhecer um conjunto específico de padrões em sinais cerebrais, em cinco etapas sucessivas (Figura 3.1): Aquisição do sinal, Pré-processamento ou melhoramento do sinal, Extração de caraterísticas, Distribuição de energia e Classificação.

4.1. Captura de sinal

O sistema RMS EEG-32 Super Spec foi utilizado para extrair sinais EEG de 50 indivíduos saudáveis e 50 indivíduos epilépticos selecionados de acordo com a idade. O sistema garante uma aquisição de dados autêntica e de alta resolução graças ao seu software e à sua caixa de controlo. A figura 4.1 mostra a aquisição de dois sujeitos diferentes.

4.1.1. Extração de caraterísticas

Os sinais podem ser decompostos através de diferentes métodos, consoante o tipo de sinal (estacionário ou não estacionário).

Para sinais estacionários, a transformada de Fourier é o método geral utilizado para a decomposição. No entanto, não é adequado para sinais como os sinais EEG, que são não-estacionários.

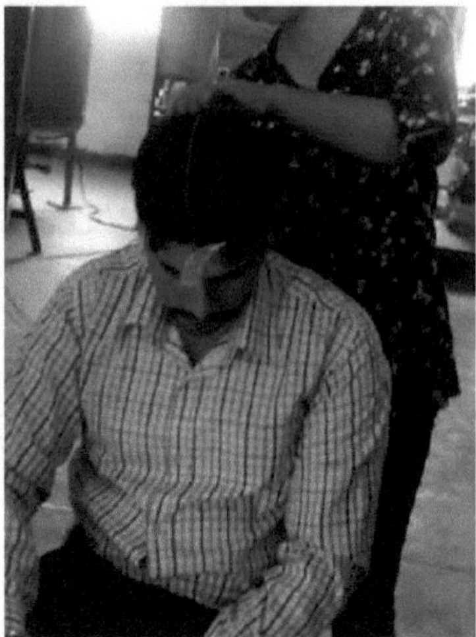

FIGURA 4.1: Aquisição de EEG em diferentes sujeitos (cortesia do NIT, Jalandhar)

Os sinais EEG contêm uma série de caraterísticas não estacionárias. Estas podem ser decompostas utilizando o método de decomposição wavelet. O sistema utiliza o menu da caixa de ferramentas wavelet do Matlab para decompor os sinais captados. A figura 4.2 mostra o menu da caixa de ferramentas wavelet do Matlab.

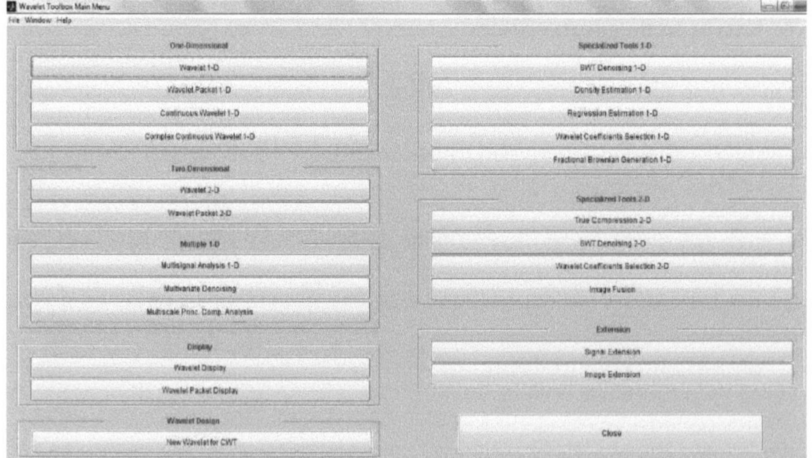

FIGURA 4.2: Caixa de ferramentas utilizada para a decomposição de wavelets

4.2. Transformada de Wavelet

Os sinais podem ser decompostos utilizando diferentes técnicas de decomposição, dependendo do facto de o sinal ser estacionário ou não estacionário. Se o sinal não muda muito ao longo do tempo, ou seja, se o sinal parece ideal durante um longo período, é chamado de sinal estacionário, e se muda ao longo do tempo, é chamado de sinal não estacionário [15]. Para sinais estacionários, a transformada de Fourier é a técnica geral utilizada para a decomposição. No entanto, não é adequada para sinais como os sinais EEG, uma vez que estes são não-estacionários. Os sinais EEG contêm uma série de caraterísticas não estacionárias. Estes podem ser decompostos utilizando o método de decomposição wavelet. A Figura 4.3 mostra a árvore de decomposição wavelet para o sinal EEG. Para a decomposição, os sinais são passados através de filtros passa-baixo e passa-alto e as saídas dos filtros são dizimadas por um fator de dois para obter coeficientes aproximados (A1) e detalhados (D1). Os coeficientes aproximados são passados para a fase seguinte para repetir o processo, que é continuado até o sinal ser decomposto ao nível desejado. Na transformada wavelet, é utilizada uma wavelet mãe para derivar os diferentes conjuntos de funções wavelet. Este sistema utiliza db5.

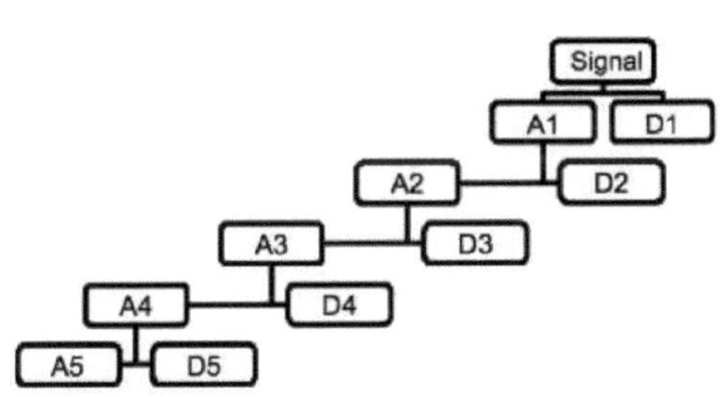

FIGURA 4.3: Decomposição Wavelet do sinal

No caso da transformada de wavelets, a decomposição é efectuada tanto na escala temporal como na escala de frequência, e é também efectuada uma compressão adicional do sinal. A transformada de wavelet utiliza uma wavelet mãe para derivar os diferentes conjuntos de funções wavelet.

4.2.1. Família de Wavelets

Existem diferentes famílias de wavelets, daubechies (db), coiflets (coif), symlets (sym) e biorthogonals (bior), que são brevemente descritas na Tabela 4.1.

TABELA 4.1 Diferentes famílias de wavelets

Wavelet Families	Wavelets
Daubechies	db1 or haar, db2,db3......db45
Coiflets	coif1, coif2, coif3, coif4, coif5
Symlets	sym2, sym3, sym4,.......sym45
Biorthogonal	'bior1.1', 'bior1.3', 'bior1.5' 'bior2.2', 'bior2.4', 'bior2.6', 'bior2.8' 'bior3.1', 'bior3.3', 'bior3.5', 'bior3.7' 'bior3.9', 'bior4.4', 'bior5.5', 'bior6.8'

$$L_{N/2,N}=\begin{bmatrix} l(1) & l(0) & \dots & 0 \\ l(3) & l(2) & l(1) & l(0) \\ 0 & l(L-1) & \dots & l(0) \end{bmatrix} \quad \dots\dots\dots\dots (4.1)$$

$$H_{N/2,N}=\begin{bmatrix} h(1) & h(0) & \dots & 0 \\ h(3) & h(2) & h(1) & h(0) \\ 0 & h(H-1) & \dots & h(0) \end{bmatrix} \quad \dots\dots\dots\dots (4.2)$$

As matrizes de decomposição L e H são as seguintes

O sinal de saída "x" é também decomposto em duas sequências $h = Hx$ e $l = Lx$, depois de passar por filtros passa-alto e passa-baixo, respetivamente, de modo a que os seus componentes sejam armazenados em h e l, respetivamente. Os coeficientes a utilizar como vectores de caraterísticas são então selecionados.

As figuras 4.4 e 4.5 mostram os sinais EEG registados em pessoas normais e epilépticas da mesma idade. Foram registados com o sistema RMS EEG-32 Super Spec. Os sinais registados contêm ruído e sinais de informação. Para extrair os sinais de informação, estes sinais têm primeiro de ser desnormalizados. As Figuras 4.6 e 4.7 mostram os sinais EEG sem ruído.

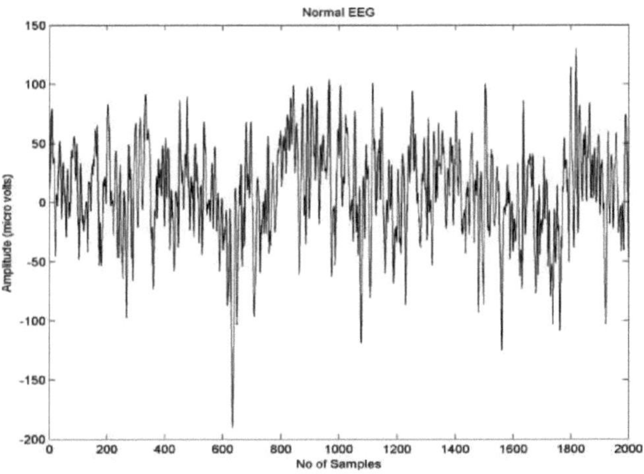

FIGURA 4.4: EEG adquirido de doentes normais

FIGURA 4.5: EEG adquirido de doentes epilépticos

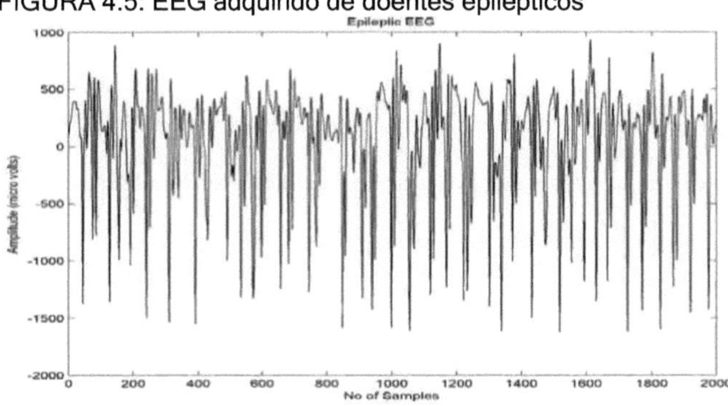

FIGURA 4.6: Sinal EEG antes da redução de ruído

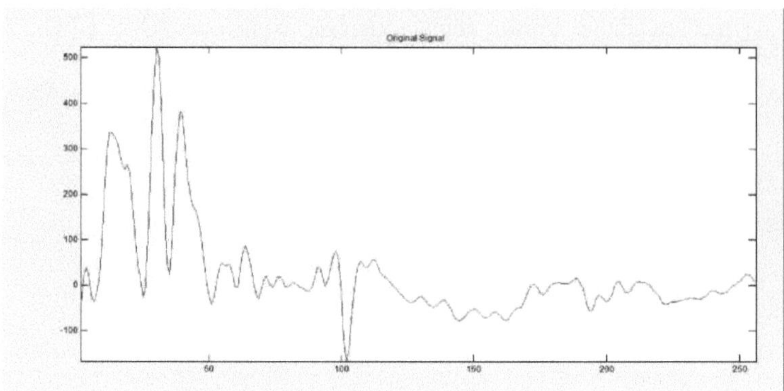

FIGURA 4.7: Sinal EEG após denoising

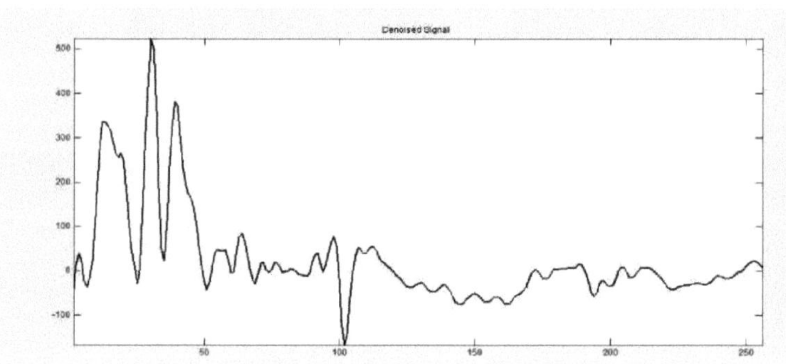

Distribuição de energia

A distribuição de energia (EDi) dos sinais EEG decompostos é determinada utilizando o teorema de Parseval. Este teorema afirma que a energia do sinal distorcido também pode ser distribuída em diferentes níveis de resolução, ou seja

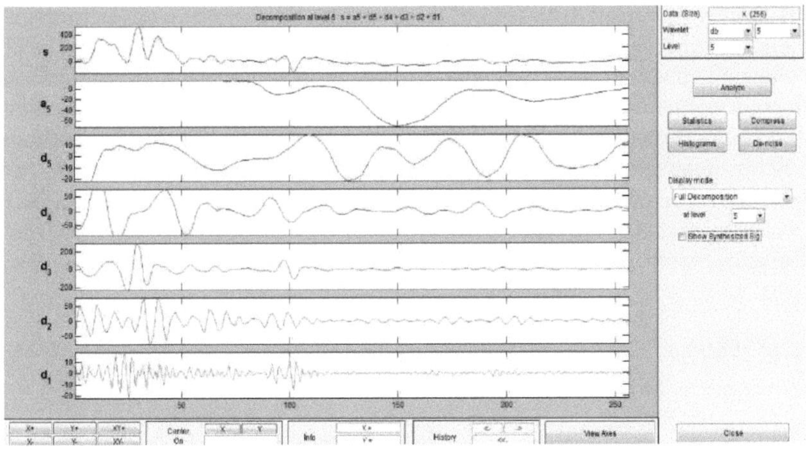

FIGURA 4.8: Decomposição Wavelet de pacientes normais

onde l é o plano de decomposição do sinal [17] e EDi representa a distribuição de energia dos coeficientes detalhados em diferentes níveis de decomposição e EAl a distribuição de energia dos coeficientes aproximados.

41

$$\mathrm{ED_i} = \sum_{j=1}^{N} \left|D_{ij}\right|^2, i = 1,2, \ldots, l \qquad \ldots\ldots\ldots\ (4.3)$$

$$\mathrm{EA_l} = \sum_{j=1}^{N} \left|A_{lj}\right|^2 \qquad \ldots\ldots\ldots\ (4.4)$$

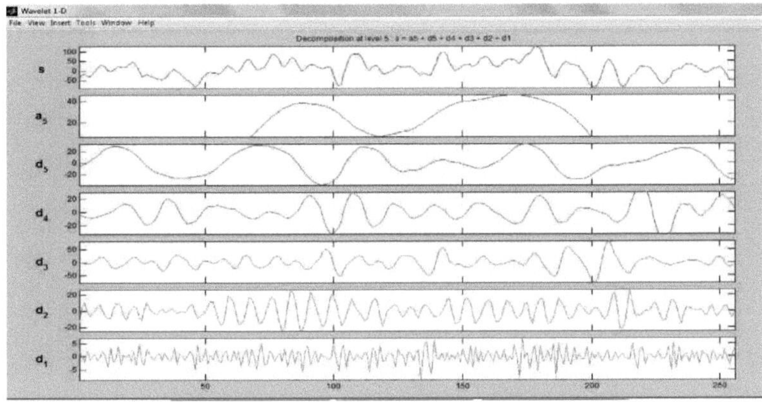

FIGURA 4.9: Decomposição Wavelet de pacientes epilépticos

A distribuição de energia para cada conjunto de sinais de entrada, ou seja, para os doentes com epilepsia e para os indivíduos saudáveis, é apresentada na Figura

4.8 e na Figura 4.9, respetivamente. É fácil ver que a distribuição de energia dos indivíduos normais/saudáveis é aproximadamente a mesma em D3 e D4 (beta, alfa) e que o seu valor total é de cerca de 30%, ao passo que é de cerca de 50% nos doentes com epilepsia. A distribuição de energia de D5 (teta) é de cerca de 20% em pacientes normais e mais de 40% em pacientes com epilepsia. Também se pode observar que a distribuição da energia A5 (delta) é menor nos doentes epilépticos do que nos doentes normais. A Tabela 4.2 mostra os valores médios dos coeficientes de energia detalhados e dos coeficientes de energia aproximados, tanto para os indivíduos saudáveis como para os doentes com epilepsia.

TABELA 4.2 Distribuição da energia média dos coeficientes decompostos e aproximados

Average energy Distribution of Normal Subjects		**Average energy Distribution of Epilepsy Subjects**	
EA5	47.68686	EA5	63.84576
ED1	0.11135	ED1	0.166008
ED2	4.025968	ED2	1.484796
ED3	17.19991	ED3	9.093766
ED4	20.48524	ED4	11.16387
ED5	10.49068	ED5	8.854353

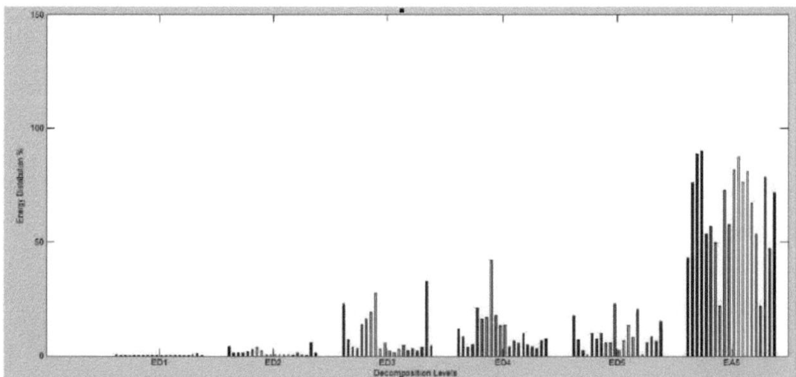

FIGURA 4.10: Distribuição de energia dos sinais decompostos (pacientes normais)

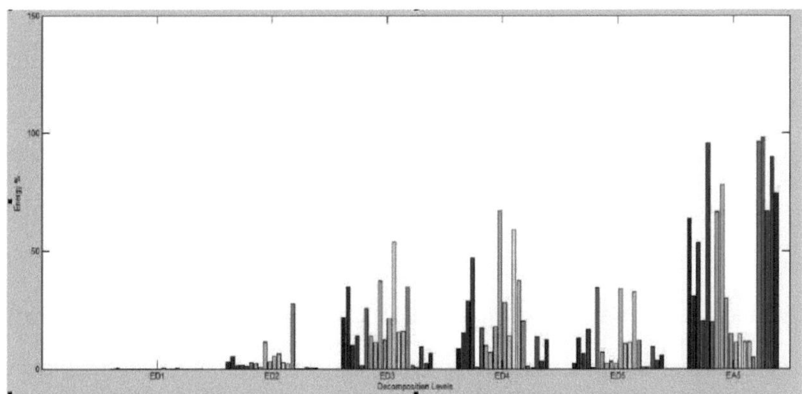

FIGURA 4.11: Distribuição de energia dos sinais decompostos (pacientes epilépticos)

Esta distribuição percentual de energia pode ser facilmente utilizada como entrada de classificação para a classificação destes sinais EEG. As figuras 4.10 e 4.11 mostram a distribuição de energia dos sinais decompostos de indivíduos saudáveis e epilépticos, respetivamente. Com base nesta distribuição percentual de energia, foram criados conjuntos de caraterísticas de seis dimensões para os dados de treino e de teste.

O tamanho total dos dados de treino ou de teste é de 6 x 300. Estes vectores de entrada são aplicados a diferentes redes de classificação como vectores de entrada.

4.4. Classificação através de redes neuronais artificiais (RNA)

Uma rede neuronal artificial é uma ferramenta matemática que imita certos aspectos funcionais de uma rede neuronal biológica. É constituída por grupos de neurónios artificiais interligados. O funcionamento dos neurónios cerebrais de baixo nível é simulado por células e respectivas redes. O funcionamento exato é representado artificialmente por redes neuronais artificiais.

As diferentes redes neuronais têm algoritmos e arquitecturas de aprendizagem diferentes. Também diferem fundamentalmente na forma como aprendem ou funcionam. O algoritmo de aprendizagem mais comum utilizado na classificação é o algoritmo Backpropagation (BP), que utiliza uma técnica de aprendizagem supervisionada. O principal objetivo deste algoritmo é reduzir os erros e treinar continuamente a rede até que esta tenha aprendido os dados. KKKUma iteração deste algoritmo pode ser escrita como $x_{K+1} = XK\ \alpha\ g_k$, em que XK é um vetor dos pesos e distorções actuais, g o gradiente atual e a a taxa de aprendizagem da rede.

4.4.1. Resultados com diferentes algoritmos de formação

O algoritmo One Step Secant é utilizado para minimizar a diferença entre os algoritmos de gradiente conjugado. Este algoritmo não requer qualquer espaço de memória. Os parâmetros utilizados para treinar a rede são apresentados na Tabela 4.3. A precisão global obtida com este algoritmo é apresentada na Figura 10, juntamente com as precisões de teste e de treino. A precisão de regressão do sistema é de 82%.

TABELA 4.3 Parâmetros de aprendizagem para o algoritmo de secante de um nível.

Architecture	Parameters
Number of Layers	3
Number of Neurons on layers	INPUT: 6, HIDDEN: 5, OUTPUT: 1
Initial Weights and Biases	Random
Learning Rule	One Step Secant Algorithm
Mean-Squared Error	1e-01

Os vectores de entrada são agora testados com outro algoritmo de aprendizagem, por exemplo, o algoritmo de regularização Bayesiano. O algoritmo Bayesiano minimiza os pesos e as distorções e encontra o produto final que generaliza eficazmente a rede. A Tabela 4.4 contém uma descrição dos parâmetros de treino utilizados para treinar a rede e a Figura 4.12 mostra os diagramas de regressão, treino e validação do sistema. A precisão global do sistema utilizando o algoritmo de regularização bayesiano é de 91% e a precisão do treino é de 96%, como mostra a figura.

TABELA 4.4 Parâmetros de aprendizagem do algoritmo de regularização bayesiano.

Architecture	Parameters
Number of Layers	3
Number of Neurons on layers	INPUT: 6, HIDDEN: 5, OUTPUT: 1
Initial Weights and Biases	Random
Learning Rule	Bayesian regularization Algorithm
Mean-Squared Error	1e-01

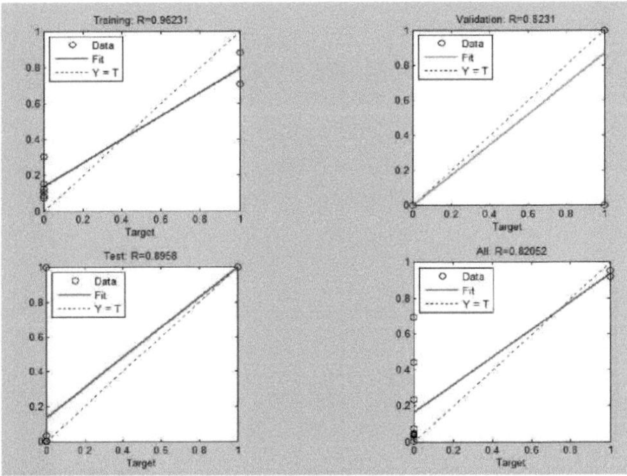

FIGURA 4.12. Diagrama de regressão do sistema utilizando o algoritmo de Secant de um passo

A conceção do sistema e os parâmetros utilizados para testar os vectores de entrada com o algoritmo de Levenberg-Marquardt são apresentados na Tabela 4.5. A regressão global ou a exatidão do sistema que utiliza o algoritmo Feed-Forward é de 93,9%. Os valores de treino, teste e regressão total são mostrado na Figura 4.14.

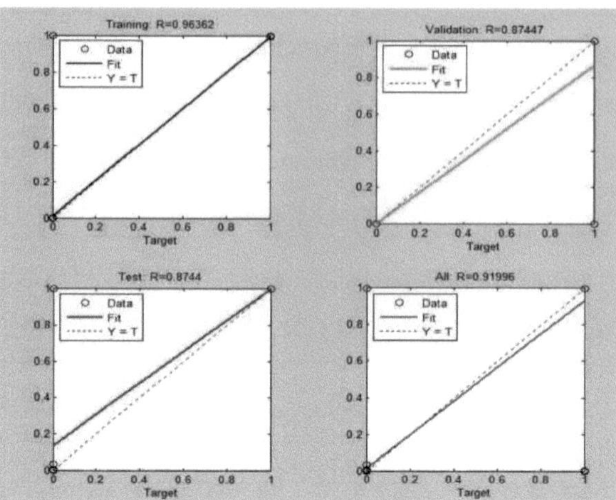

FIGURA 4.13. Diagrama de regressão do sistema utilizando o algoritmo de regularização Bayesiano

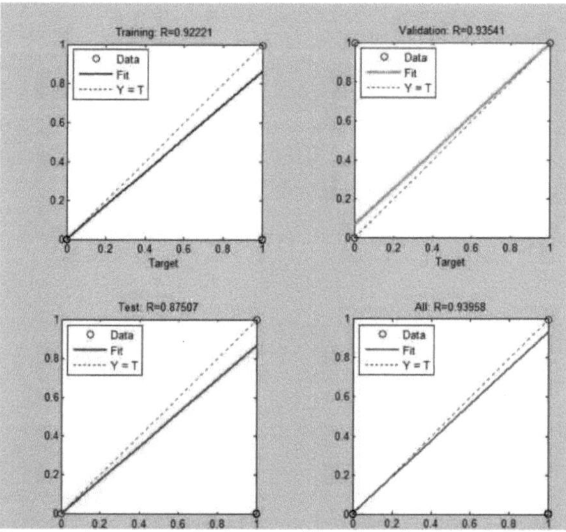

FIGURA 4.14. Diagrama de regressão do sistema utilizando o algoritmo de Levenberg-Marquardt

TABELA 4.5 Parâmetros de treino para o algoritmo de Levenberg-Marquardt

Architecture	Parameters
Number of Layers	3
Number of Neurons on layers	INPUT: 6, HIDDEN: 5, OUTPUT: 1
Initial Weights and Biases	Random
Learning Rule	Levenberg-Marquardt Algorithm
Mean-Squared Error	1e-01

A Tabela 4.6 apresenta uma breve avaliação dos resultados de três algoritmos de aprendizagem. A precisão global da regressão para estes algoritmos é de 82,05%, 91,99% e 93,95%, respetivamente, e é fácil ver que a precisão do sistema é elevada quando se utiliza o algoritmo Levenberg-Marquardt.

TABELA 4.6 Comparação de diferentes algoritmos de aprendizagem de RNA

Training Algorithm	Training Accuracy	Validation Accuracy	Testing Accuracy	Regression Accuracy
One Step Secant	96.23%	82.31%	89.58%	82.05%
Bayesian Regularization	96.36%	87.47%	87.44%	91.99%
Levenberg-Marquardt	92.22%	93.54%	87.50%	93.95%

O diagrama de potência do sistema ANN é apresentado na Figura 4.15.

4.5. Classificação com máquinas de vectores de apoio (SVM)

Os SVMs são uma série de métodos de aprendizagem supervisionada relacionados, utilizados para classificação e regressão. Pertencem a uma família de classificadores lineares generalizados. Utilizam principalmente a teoria da aprendizagem automática para maximizar a exatidão da previsão dos resultados, evitando o sobreajuste dos dados.

4.5.1. Resultados com SVM

Os vectores de entrada são agora testados utilizando a máquina de vectores de suporte e os resultados são apresentados na Figura 4.16. A regressão global do sistema, apresentada na Figura 4.17, é de 99,97%.

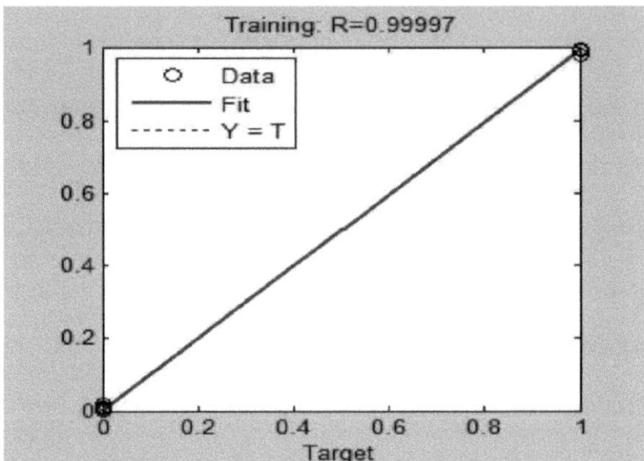

FIGURA 4.15: Diagrama de formação da SVM

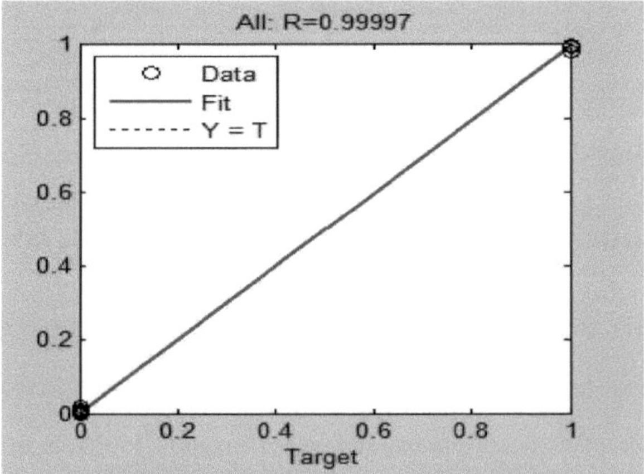

FIGURA 4.16: Diagrama de regressão SVM

4.6. Comparação entre SVM e ANN

Para a classificação, o sistema de rede neural foi testado com diferentes algoritmos de aprendizagem, como o algoritmo de Levenberg-Marquardt.

Os resultados mostraram que, utilizando o algoritmo de aprendizagem Levenberg-Marquardt, foi alcançada uma exatidão de 93,9%, o que é melhor do que outros algoritmos de aprendizagem. Além disso, as mesmas entradas foram aplicadas ao classificador Support-Vetor-Machine e os resultados obtidos foram de 99,97%. A Tabela 4.7 mostra a comparação entre

os resultados obtidos com diferentes classificadores. Uma precisão de classificação de

O classificador SVM é muito melhor do que o classificador ANN.

TABELA 4.7: Comparação da precisão do teste dos classificadores ANN e SVM

Subject	**Classification Accuracy (%)**	
	SVM	ANN
S1	99.97	88.64
S2	100	96.21
S3	99.93	93.16
S4	100	94.78
S5	98.87	90.31
S6	100	88.71
S7	99.99	88.96
S8	98.93	89.56
S9	100	91.96
S10	100	92.36
Average	**99. 79**	**91.996**

Capítulo 5

CONCLUSÃO E MARGEM DE MANOBRA FUTURA

5.1 Conclusão

A epilepsia é uma doença neurológica perigosa que afecta cerca de 4-5% da população mundial. Durante os ataques epilépticos, os doentes não têm consciência do seu estado físico e mental, o que pode levar a lesões físicas. Esta tese propõe um sistema de deteção de ataques epilépticos antes da sua ocorrência, a fim de evitar lesões físicas.

Nesta tese, um algoritmo de classificação para sinais EEG epilépticos e normais é desenvolvido e testado com duas técnicas de classificação diferentes. As técnicas de extração de caraterísticas por transformada Wavelet foram implementadas e testadas com duas técnicas de extração de caraterísticas diferentes: Rede Neural Artificial (RNA) e Máquina de Vectores de Suporte (SVM).

O resultado da experiência mostra que a transformada wavelet pode ser utilizada para reduzir o tamanho do vetor de dados sem perder qualquer informação importante.

Em comparação com o algoritmo de regularização Bayesiano e o algoritmo One Step Secant no sistema de rede neural, os resultados mostraram que, utilizando o algoritmo de aprendizagem Levenberg-Marquardt, a precisão é de 91,9%, o que é muito melhor.

O sistema também foi testado e comparado com o classificador Support Vetor Machine (SVM). A exatidão do sistema é de 99,97%.

5.2 Âmbito de aplicação futuro

Nas redes neuronais artificiais, utilizámos apenas o método de propagação feed-forward-back com diferentes algoritmos de treino. Nas redes neuronais artificiais, existem muitos outros métodos de extração de caraterísticas que podem ser utilizados para melhorar a precisão da classificação da rede. Também podem ser utilizados outros classificadores para a classificação da rede. Além disso, só foram utilizados 50 participantes para os resultados experimentais, que podem ser testados com um maior número de sujeitos.

REFERÊNCIAS

[1] . Labat R. "Тракë akkadien de diagnostics et pronostics mëdicaux.", Acadëmie Internationale d'Histoire des Sciences/Brill, pp. 188-99, 1951.

[2] . Longrigg J., "Epilepsy in ancient Greek medicine: the vital step", Epilepsy & Behavior Journal, pp. 12-21, 2000.

[3] . Magiorkinis E., Sidiropoulou K., e Diamantis A., "Hallmarks in the history of epilepsy: Epilepsy in the Antike," Epilepsy Behav, Vol. 17, No. 1, pp. 103-108, 2010.

[4] . Garg S., Narvey R., "Denoising and Feature Extraction of EEG Signal Using Wavelet Transform", International Jouranl of Engineering, Science & Technology, Vol. 5, pp: 12491253, junho de 2015.

[5] . Leach J., Stephen L., Selveta C., Brodie M., "Which EEG for Epilepsy? The relative usefulness of different EEG protocols in patients with potential epilepsy", International Neuro Neurosurg Psychiatry, pp. 1040-1042, 2006.

[6] . Shoeb A., Edwards H., Connolly J., Bourgeois B., Ted Treves S. e Guttag J., "Patientspecific seizure onset detection", Epilepsy Behav. vol. 5, no. 4, pp. 483-498, 2004.

[7] . Rosso O.R., Martin M.T., Figliola A., Keller K., e Plastino A., "EEG analysis using wavelet-based information tools", J. Neurosci. Methods, Vol. 153, No. 2, p. 163-182, 2006.

[8] . Srinivasan V., Eswaran C., and Sriraam A.N., "Artificial neural network based epileptic detection using time-domain and frequency-

domain features", J. Med. Syst. 29, n° 6, p. 647-660, 2005.

[9] . Srinivasan V., Eswaran C., and Sriraam N., "Approximate entropy-based epileptic EEG detection using artificial neural networks," IEEE Trans. Inf. Technol. Biomed, Vol. 11, No. 3, pp. 288-295, 2007.

[10] . Zandi A.S., Dumont G.A., Javidan M., Tafreshi R., MacLeod B.A., Ries C.R. e Puil E., "A novel wavelet-based index to detect epileptic seizures using scalp EEG signals", Conf. Proc. IEEE Eng. Med. Biol. Soc. 2008, n.º 2, pp. 919-922, 2008.

[11] . Chen G., "Automatic EEG seizure detection using dual-tree complex wavelet-Fourier features", Expert Syst. Appl. vol. 41, no. 5, pp. 2391-2394, 2014.

[12] . Shoeb A. e Guttag J., "Application of Machine Learning To Epileptic Seizure Detection," Proc. 27th Int. Conf. Mach. Learn, pp. 975-982, 2010.

[13] . Bhatia P.K. and Sharma A., "Different Techniques for Extracting Brain Signals for Human Machine Interface, a Review," Australian Journal of Information Technology and Communication, Vol. II, No. II, pp. 31-34, 2015.

[14] . Garg S., Narvey R., "Denoising and Feature Extraction of EEG Signal Using Wavelet Transform", International Jouranl of Engineering, Science & Technology, Vol. 5, junho de 2013, pp: 1249-1253.

[15] . Kaushik G., Sinha H.P., and Dewan L., "Biomedical Signals Analysis by Dwt Signal Denoising with Neural Networks," vol. 3, no. 1,

pp. 1-18, 2013.

[16] . Omerhodzic I., Avdakovic S., Nuhanovic A., Dizdarevic K. "Distribuição de energia de sinais EEG: classificador de rede neural de wavelet de sinal EEG". th11 Congresso de Neurocirurgiões da Sérvia, Nis, Sérvia, pp. 18, 2013.

[17] . Bhatia P.K., Sharma A., Kumar H., "A Comparative Approach to Feature Extraction Techniques for Human Computer Data Acquisition Pre-Processing Feature Control Interference.", 4th International Conference on Wireless Networks and Embedded Systems: An approach to Clean and Sustainable Technology(WECON-2015), March 2015.

[18] . Vapnik V., Statistical Learning Theory, John Wiley and Sons, Chichester, 1998.

[19] . Weston J. e Watkins C., "Multiclass Support Vetor Machines", Royal Holloway, Universidade de Londres, Reino Unido, Techincal Report on CSD-TR-98-04, 1998.

[20] J.P.Lewis, "SVM Tutorial", Laboratório CGIT, USC, 2004.

[21] Allwein E.L., Schapire R.E., e Singer Y., "Reducing multiclass to binary: a unifying approach for margin classifiers", Journal of Machine Learning, pp. 113-141, 2001.

[22] Crammer K. e Singer Y., "On the Algorithmic implementation of multiclass kernelbased vetor machines", Journal of Machine Learning, Vol. no. 2, pp. 265-292, 2001.

[23] Weston J. e Watkins C., "Multi-class Support Vetor Machines", Royal

Holloway, Universidade de Londres, Reino Unido, Relatório Técnico CSD-TR-98-04, 1998.

[24] Ruggs M.D. e Coles M.H., "Electrophysiology of mind: event related brain potentials and cognition", Oxford University Press-Oxford 1995.

[25] Guangyu Bin, Zhonglin Lin, Xiaorong Gao, Bo Hong, Shangkai Gao, "The SSVEP Topographic Scalp Maps by Canonical Correlation Analysis", 30.ª Conferência Internacional Anual do IEEE EMBS em Vancouver, British Columbia, Canadá, 20-24 de agosto de 2008.

[26] Teng Cao, Xin Wang, Boyu Wang, Chi Man Wong, Feng Wan, Peng Un Mak, Pui In Mak, Mang I Vai, "A High Rate Online SSVEP Based Brain-Computer Interface Speller", Actas da 5.ª Conferência Internacional IEEE EMBS sobre Engenharia Neural Cancun, México, 27 de abril - 1 de maio de 2011.

[27] Luis Fernando, Nicolas-Alonso e Jaime Gomez-Gil.(2012) "Brain Computer Interfaces, a Review", Revista Internacional Departamento de Teoria do Sinal, Engenharia de Comunicações e Telemática, Universidade de Valladolid, Valladolid 47011,pp. 1212-1279.

Printed by Books on Demand GmbH, Norderstedt / Germany